Ulrich Schmid

Wo Tiere und Pflanzen leben

Unsere Lebensräume entdecken

Mit Illustrationen von Berthold Faust

KOSMOS

Inhalt

Sommer im Garten

Sommer im Garten

Naturparadies Garten?

Kaum zu glauben, wie viele Wildtiere sich in einem Garten wohl fühlen können! Wie viele genau? Das ist gar nicht so einfach zu erforschen, weil die meisten Gartentiere ziemlich klein sind. Manche kommen fast nur nachts heraus, so wie die Erdkröte oder die Spitzmaus. Andere sind am liebsten bei Regenwetter unterwegs, beispielsweise

die Schnecken. Tagpfauenauge und Kleiner Fuchs besuchen den Garten nur kurz und ziehen dann weiter. Und wenn du im Komposthaufen buddelst, wirst du wieder andere Tiere finden. Trotzdem wollten die Tierforscher es genauer wissen – und am Schluss waren sie selber ganz erstaunt: Sie fanden fast 2000 verschiedene Tierarten in einem einzigen, ganz normalen Garten!

Das Bild verrät dir schon, was Tiere an einem Garten lieben. Siehst du die Kröte? Sie braucht ein Versteck, wo sie sich ungestört ausruhen kann. Im Asthaufen unter dem Baum kann es sich sogar ein Igel gemütlich machen. Für kleine Tiere wie die Assel oder die Feuerwanze genügen schon Mauerritzen. Was noch? Blumen natürlich!
Für Tiere ist nicht so wichtig, wie bunt sie sind, sondern ob sie auch Nahrung bieten. Die Schmetterlinge, die Hummel, die Schwebfliege und die Wespe – alle brauchen den süßen Nektar aus den Blüten. Wo viele Insekten sind, sind auch viele Vögel. Zahlreiche der kleinen Krabbeltiere landen in den Schnäbeln der hungrigen Brut. Damit sorgen die Vögel auch dafür, dass manche Insekten nicht allzu häufig und damit vielleicht zur Plage werden. Denn im Gemüsebeet mögen wir dann doch nicht so viele gefräßige Mit-Esser.

Gartentiere brauchen Hilfe

Wie kann man Vögeln helfen?

Viele Vögel brüten in Baumhöhlen, die Kohlmeise zum Beispiel. Alte Bäume mit solchen Höhlen gibt's in Gärten aber selten. Also helfen wir mit einem Nistkasten. Am besten, wir bieten mehrere Kästen mit verschieden großen Einschlupflöchern an, damit es keinen Streit gibt. Hausrotschwanz und Grauschnäpper freuen sich über Nischen oder Halbhöhlen am Haus.

Was kann man für Insekten tun?

Wichtig sind Blumen, ein blühender Garten vom Frühjahr bis zum Herbst! Viele Insekten oder ihre Larven verstecken sich auch gerne zwischen Holz und Blättern. Für wilde Bienen kannst du ganz leicht selber Wohnungen bauen: Holzklötze mit eingebohrten Löchern. Wildbienen brauchen solche Löcher, um dort ihre Kinderstuben einzurichten. Bei dieser Arbeit lassen sie sich leicht beobachten. Angst musst du dabei nicht haben. Wildbienen können zwar stechen, sind aber sehr friedlich. Du siehst solche Nistklötze an der Schuppenwand hängen.

Welche Pflanzen sind gut für Tiere?

Für einheimische Tiere sind einheimische Pflanzen am besten. Viele Gartenpflanzen stammen aus fernen Ländern. Sie blühen zwar schön, haben aber oft wenig Pollen und Nektar – kaum Nahrung für kleine Tiere.

Tierforscher im Garten

Du wirst bald merken, welches die spannenden Ecken im Garten sind. Nicht so sehr die Gemüsebeete, sondern die Blumenwiese, der Holzstapel, die „Unkrautecke“, das kleine Mäuerchen, der Komposthaufen oder die Gartenwege, wenn zwischen den Platten Erde oder Sand zu sehen sind. Wichtiger als ein Fernglas ist für den Gartenforscher eine Lupe, mit der du dir kleine Tiere vergrößern kannst. Besonders praktisch zur Tierbeobachtung ist eine Becherlupe.

❶ Die Kohlmeise

Wer Kohlmeisen im Garten haben will, sollte ein Vogelhäuschen aufhängen. Findest du es? Es hängt am Baum – das am Giebel des Hauses mit dem Einschlupf unten ist eins für Fledermäuse.

Kohlmeisen bleiben das ganze Jahr bei uns. Schon an sonnigen Spätwintertagen kann man sie singen hören. Neun bis zwölf Eier liegen später im kuscheligen Nest im Nistkasten. Die Meisen werden dann ganz schön beschäftigt sein, um genug Insekten für all die hungrigen Kücken zu bringen.

❷ Die Rauchschwalbe

Man muss schon ziemlich gut fliegen können, um Insekten in der Luft zu erbeuten. Für Schwalben ist das kein Problem. Im Garten sind sie nur zu Besuch. Wahrscheinlich brüten sie am nächsten Bauernhof im Stall.

❸ Der Grauschnäpper

Noch ein Insektenjäger. Der Grauschnäpper macht's anders als die Schwalbe. Steil aufgerichtet sitzt er auf Pfosten oder Dächern und beobachtet scharf.

Erst wenn er ein vorbeifliegendes Insekt sieht, startet er, verfolgt es flatternd und schnappt es dann. Anschließend kehrt er auf seine Aussichtswarte zurück – bereit zum nächsten Jagdflug.

4 Die Amsel

Erstaunlich, wie gut sich ein Regenwurm im Boden festhalten kann! Er spreizt all seine kleinen Borsten ab, wenn die Amsel an ihm zieht. Vielleicht hat er nochmal Glück! Vielleicht aber auch die Amsel, die irgendwo ein Nest voller hungriger Schnäbel versorgen muss.

5 Der Haussperling oder Spatz

Ein Spatz kommt nie alleine. Selbst zur Brutzeit, wenn die meisten Vogelarten andere aus ihrem Revier vertreiben, bleiben Spatzen zusammen.

Wenn es geht, bauen sie auch ihre Nester nah beieinander. Das Leben im Trupp hat große Vorteile. So können immer einige Vögel fressen oder ein Sandbad nehmen, während andere aufpassen. Auf dem Bild sieht du ein Männchen und zwei Weibchen. Entdeckst du die Unterschiede?

6 Der Hausrotschwanz

Seinen Namen trägt der Hausrotschwanz ganz zu

Recht. Er baut sein Nest nämlich fast immer direkt am Haus, auf Balken, in Mauerlöcher oder unter lockere Ziegel. Auf dem Dach sitzt das Weibchen. Der Vogel auf der Regentonne ist das Männchen. Eigentlich will er auf den Boden hüpfen und Insekten suchen. Aber lieber beobachtet er das Mauswiesel. Immer wieder knickst er und zittert mit dem Schwanz – das machen Rotschwänze immer, wenn sie aufgeregt sind.

7 Das Mauswiesel

Mauswiesel sind dauernd unterwegs, springen mit kurzen Sätzen, machen immer wieder Männchen, stöbern überall herum. Sie sind die kleinsten Raubtiere der Welt, so klein, dass sie ihrer Lieblingsbeute, den Feldmäusen, sogar in die Löcher folgen können. Grade 120 Gramm wiegt ein Männchen, nur die Hälfte das Weibchen. Trotzdem schaffen es die Winzlinge, sogar Kaninchen zur Strecke zu bringen!

8 Die Spitzmaus

Eine lange, bewegliche Rüsselnase mit vielen Tasthaaren, winzige Äuglein, kleine Ohren – das ist die Spitzmaus. Anders als echte Mäuse, die vor

allem an Pflanzen nagen, sind Spitzmäuse Jäger, und zwar ziemlich unersättliche. Hier hat sie die Auswahl zwischen einer Feuerwanze, einem Steinkriecher, einem Laufkäfer und einem Weberknecht.

9 Die Erdkröte

Diesem Gartenbewohner wirst du eher selten begegnen. Die Erdkröte

ist nämlich meistens nachts unterwegs. Dann ist die Luft feuchter, das mögen Kröten. Eben kommt sie aus ihrem Tagesversteck unter einem großen Stein. Wahrscheinlich hat sie die gleichen Beutetiere entdeckt wie die Spitzmaus.

10 Die Gartenkreuzspinne

An Insektenjägern ist im Garten gewiss kein Man-

gel! Neben den Vögeln, der Spitzmaus und der Kröte gehört auch die Kreuzspinne dazu. Sie lauert geduldig, bis sich eine Fliege in ihrem klebrigen Netz verfängt. Die wird dann schnell eingewickelt und gefressen. Ein Spinnennetz hält nur wenige Tage, dann muss die Spinne in stundenlanger Arbeit ein neues bauen. Das alte frisst sie auf.

⑪ Der Weberknecht

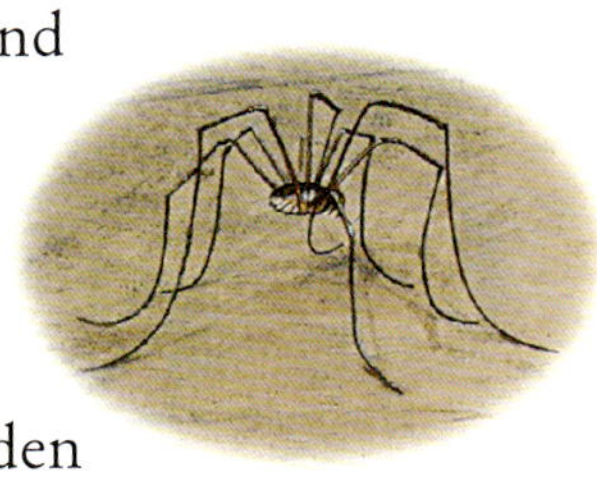

Ein winziger Kugelkörper und acht ewig lange Beine, von denen nach Unfällen auch mal welche fehlen können: Das sind die Kennzeichen der Weberknechte, die mit den Spinnen verwandt sind. Netze bauen sie nicht.

⑫ Die Feuerwanze

Schon durch ihre rote Farbe fallen Feuerwanzen auf. Mehr aber noch dadurch, dass sie oft in großen Scharen auftauchen, schon in der ersten

Frühlingssonne, wenn sie aus dem Winterversteck kommen und sich sonnen. Aber keine Angst vor Feuerwanzen: Sie sind harmlos und saugen mit ihrem spitzen Stechrüssel an Pflanzen, am liebsten an Malven oder Linden.

⑬ Der Gartenlaufkäfer

Ein gefährliches Tier! Nicht für uns, aber andere Insekten und Würmer müssen gut aufpassen, dass der kräftige Käfer sie nicht erwischt!

⑭ Der Steinkriecher

Eigentlich müsste er „Unter-Steinen-Kriecher" heißen. Denn nur selten sieht man den wuseligen

Hundertfüßer über der Erde. Meist stellt er Kleintieren im Boden nach.

⑮ Die Mauerassel

Schon gewusst, dass Asseln landlebende Krebse sind? Wenn es trocken und heiß ist, ziehen sie sich gerne ins Feuchte und Kühle zurück, in Mauerritzen oder unter Holzstapel.

⑯ Die Feldwespe

Was macht die Wespe am Zaunpfahl? Wer genau hinhört, vernimmt leise schabende

Geräusche: Die Wespe nagt am Holz! Mit Speichel vermischt stellt sie aus dem Holz das Baumaterial für das Wespennest her – eine Art „Papier". Feldwespen haben nur eine kleine offene Wabe. Andere Arten bauen riesige Nester als Wohnung für tausende von Tieren.

⑰ Die Schwebfliege

Sieht aus wie eine Wespe, ist aber keine. Die Wespenfarbe schützt die völlig harmlose Schwebfliege

vor Feinden. Schwebfliegen können in der Luft stehen bleiben und sogar rückwärts fliegen. Für nektar- und blütenstaubreiche Blumen bedanken sie sich auf ganz besondere Art: Sie legen ihre Eier zu Blattläusen. Kurz darauf schlüpfen ihre Larven und fressen die Läuse.

⑱ Das Tagpfauenauge und der Kleine Fuchs

Du errätst sicher, welcher der beiden Falter das Pfauenauge ist. Klar: der mit den „Augen" auf den Flügeln! Die beiden Schmetterlinge haben eine gemeinsame Kinderstube: Ihre Raupen fressen Brennnessel-Blätter. Etwas anderes mögen sie nicht.

⑲ Die Weinbergschnecke

Unsere größte Schneckenart kann ganz schön alt

werden. 35 Jahre ist der Rekord! Während dieser Zeit bewegt sich die Schnecke kaum über den Garten hinaus. Im Winter gräbt sie sich ein und verschließt das Haus mit einem festen, weißen Deckel. Auch für den Nachwuchs buddelt sie eine kleine Höhle in die Erde. 50 Eier legt sie. Wochen später arbeiten sich winzige, noch durchsichtige Schneckenkinder nach oben durch.

FAUST

Wiesen, Hecken, Trockenmauern

Ein Streifen Farbe in der Landschaft

Eine uralte Mauer, errichtet vor langer Zeit von Menschen, die am steilen Hang einen Weg gebaut haben. Der Acker oberhalb der Mauer wird ein wenig flacher dadurch. Jetzt kann man leichter säen, ernten und pflügen. Zwischen Weg und Mauer ist ein bisschen Platz entstanden; zu wenig für ein Feld, aber genug für Pflanzen und Tiere. Eine wunderbar bunte Blumenwiese wächst hier: dunkelblau der Wiesensalbei, hellblau die Glockenblume, rosa die Kronwicke, purpurrot

Nickende Distel und Wiesen-Flockenblume, hell-lila die Witwenblume, gelb der Hornklee und der Löwenzahn, weiß die Wilde Möhre und die Margeriten. Und das sind noch lange nicht alle! Ein- oder zweimal im Jahr kommt der Bauer und mäht den Wiesenstreifen. Das ist nötig. Sonst wird aus der Wiese in ganz kurzer Zeit ein Gebüsch. Über der Mauer stehen nämlich Heckenrosen, Hartriegel und Holunder in reicher Blüte. Im Herbst sind sie mit Beeren übersät – und jede Beere enthält Samen, aus denen neue Büsche wachsen können.

Ein bisschen Pflege braucht unsere kleine Wiese also. Aber auf keinen Fall zu viel. Dünger zum Beispiel darf nicht sein. Obwohl manche Pflanzen das lieben, der Löwenzahn zum Beispiel. Er würde sich ausbreiten, die anderen Blumen verschwinden: Schluss mit der bunten Vielfalt! Schluss wäre dann auch mit den Schmetterlingen. Die Raupe des schwarz-roten Sechsfleck-Widderchens frisst fast nur Hornklee – ohne Hornklee also auch keine Widderchen. Und wenn gut gedüngtes Gras dichter und dichter wird, wächst allmählich auch das Sonnenplätzchen der Eidechse zu.

Lebensräume am Wegrand

Was ist eine Magerwiese?
So nennt man eine ungedüngte Wiese. „Mager" deshalb, weil sie arm an Nährstoffen für die Pflanzen ist. Gerade das aber macht die Magerwiese so bunt. Wird gedüngt und häufiger gemäht, entsteht allmählich eine Fettwiese mit dichtem Graswuchs. Schön grün – aber wo sind die ganzen Blumen geblieben? Die meisten fühlen sich dort nicht mehr wohl. Also: Für Pflanzen, für Tiere und zum Angucken sind Magerwiesen die besseren Wiesen.

Was ist eine Trockenmauer?
Eine Trockenmauer wird ohne Zement oder Mörtel gebaut. Die Steine werden trocken aufeinander geschichtet. Trotzdem sind die Mauern sehr stabil. Allerdings muss man die Steine beim Bau sorgfältig auswählen, damit sie gut aufeinander passen. Hohe Trockenmauern müssen ziemlich dick sein und leicht schräg gegen den Hang lehnen.

Was lebt an Trockenmauern?
Für Pflanzen sind solche Mauern wie Felsen. Also wachsen dort vor allem Felspflanzen wie der Streifenfarn und das Zimbelkraut, daneben Moose und Flechten. In den Spalten und Ritzen von Trockenmauern finden unzählige Kleintiere gute Verstecke: Spinnen und Käfer, Schnecken und Eidechsen. Wenn ein genügend großer Hohlraum hinter einer Mauerspalte ist, kann dort sogar ein Vogel sein Nest bauen.

Hecke oder Wiese?
Viele Tiere brauchen beides, Hecke und Wiese. Der Neuntöter zum Beispiel. Er baut sein Nest im dichten Gebüsch, am liebsten im Schutz dorniger Sträucher. Dort stört ihn niemand so leicht beim Brüten. Seine Nahrung – kleine Tiere – holt er sich aber auf der sonnigen Wiese. Wenn im Frühling, oft schon vor den Wiesenblumen, Heckenrose, Weißdorn und Holunder blühen, kommen auch viele Insekten aus der Wiese gerne zur Hecke. Im Winter, wenn die Wiese kahl wird, bieten Gebüsche immer noch Schutz und Deckung.

1 Das Kaninchen
Ein Hase? Nein – die kurzen Ohren und die kurzen Hinterbeine verraten das Kaninchen. Das Kaninchen ist ein Kurzstrecken-Läufer. Es bleibt immer in der Nähe seiner Höhle, in der es sofort verschwindet, wenn's gefährlich wird. Nicht, ohne die anderen vorher durch lautes Klopfen mit den Hinterbeinen zu warnen, denn Kaninchen leben nie allein – auch das ein Unterschied zum Hasen.

2 Die Goldammer
„Wie, wie, wie hab ich dich liiiieeeb!" So kann man das Lied der Goldammer übersetzen. Wenn sie singt, sitzt sie am liebsten ganz oben, damit sie möglichst gut zu hören ist – und zu sehen, denn das goldgelbe Gefieder leuchtet weithin. Andere Goldammern sollen wissen, dass dieses Revier schon besetzt ist. Am Nest, gut versteckt im Gras, ist sie umso heimlicher. Das soll schließlich niemand entdecken.

3 Die Dorngrasmücke
Laut zwitschernd steigt der kleine Vogel in die Luft. Nach einer kleinen Runde landet er wieder im dichten Gebüsch. Mit solchen Singflügen macht das Männchen der Dorngrasmücke Weibchen auf sich aufmerksam. Den kleinen Sänger gibt es nur dort, wo Hecken wachsen.

4 Der Neuntöter

Neuntöter oder Rotrückenwürger: Dieser Vogel verdankt seine gruseligen Namen der Gewohnheit, Käfer, Grillen, Hummeln oder Heuschrecken auf Dornen aufzuspießen. Selbst Eidechsen, ausnahmsweise sogar Mäuse, sind nicht sicher vor ihm. Natürlich spießt der Neuntöter nicht zum Spaß: Die Speisekammer ist wichtig, weil die meisten seiner Beutetiere nur bei Sonne unterwegs sind. Aber Hunger haben seine Kinder natürlich auch bei Regen!

5 Die Zauneidechse

Heiß und sonnig hat es die Eidechse am liebsten. Vor allem morgens liegt sie gerne auf einem warmen Stein und lässt sich die Sonne auf den Rücken scheinen. Erst wenn er aufgewärmt ist, geht der kleine grüne Drache auf die Insektenjagd.

6 Die Bänderschnecke

Die Bänderschnecke hat sich auf einen warmen Tag eingestellt. Zurückgezogen in ihr gelbes, braun gestreiftes Häuschen wartet sie auf den Abend. Erst dann ist wieder richtiges Schneckenwetter: kühl und feucht.

7 Der Goldlaufkäfer

Ein kleines Raubtier ist unterwegs: Der bis zu drei Zentimeter große Laufkäfer jagt vor allem Insekten und Würmer. Wird er selber gejagt, wehrt er sich mit üblem Gestank. Aber auch so lässt er sich nicht leicht erwischen, weil er erstaunlich schnell rennen kann. Sein wunderbarer grün-goldener Glanz hat ihm viele Namen eingebracht: Goldhenne oder Goldschmied sind nur zwei davon.

8 Die Feldgrille

Grillen können gut buddeln. Sie leben in selbst gegrabenen Erdröhren, jede in einer eigenen. Vor allem abends singen die Männchen laut am Höhleneingang oder auf ihrem kleinen Vorplatz, um Weibchen anzulocken. Musik machen sie, indem sie ihre Flügel aneinander reiben.

9 Der Grashüpfer

Noch einer, den man nicht überhören kann! Der „Gesang" der Grashüpfer entsteht, wenn sie ihre Hinterbeine über die angelegten Flügel streichen. Ansonsten sorgen die kräftigen Beine für Schwung beim Sprung. Die Muskeln dazu sitzen in den dicken Hinterschenkeln.

10 Das Sechsfleck-Widderchen

Der kleine Schmetterling wird wegen seiner roten Flecken auch Blutströpfchen genannt. Die auffällige Warnfarbe wird von den anderen Tieren gut verstanden: Sie lassen die eklig schmeckenden Widderchen in Frieden. Auch die Blutströpfchen verlassen sich auf ihre Farben. Meist bleiben sie sitzen, wenn sich jemand nähert.

11 Der Schachbrettfalter

Wo viele Blumen blühen, sind auch viele Schmetterlinge. Mit seinem langen, dünnen Rüssel saugt der Schachbrettfalter den verborgenen Nektar aus den Blüten der Distel. Seine Raupen fressen Gras. Allerdings nicht irgendwelches, sondern am liebsten Grasarten, die an trockenen, warmen Plätzen wachsen wie die Fiederzwenke, die Aufrechte Trespe oder der Schafschwingel.

12 Die Ackerhummel

Eifrig sammelt die Hummel Nektar und Blütenstaub. Dann brummt sie ab. Ihr Ziel ist das Hummelnest, eine Mooskugel in einem verlassenen Mausloch. Dort wohnt die Hummelkönigin, ihre Mutter, und alle ihre Geschwister, oft mehr als hundert. „Einkaufen“ auf Blüten ist nicht die einzige Aufgabe der Hummel. Nebenher muss sie die Hummelbrut versorgen und beim Nestbau helfen. Und bei der Verteidigung. Aber keine Angst: Hummeln stechen nur, wenn es wirklich nötig ist!

13 Das Zimbelkraut

Wo Mauern Ritzen haben, in denen Pflanzen wurzeln können, wächst das Zimbelkraut. Warm muss es sein, aber nicht allzu trocken, dann bildet die hübsche Pflanze große grüne, herabhängende Kissen, die im Hochsommer mit Blüten übersät sind.

14 Das Schöllkraut

Pflückt man eine der gelben Blüten des Schöllkrauts, quillt ein Tropfen gelber Milchsaft aus dem Stängel. Früher hat man mit dem leicht giftigen Saft Warzen bekämpft, daher auch der Name „Warzenkraut“ für die Pflanze, die du am Wegrand und an nicht zu trockenen Mauern finden kannst.

15 Der Braune Streifenfarn

Die meisten Farne meiden die pralle Sonne. Auch der Streifenfarn macht da keine Ausnahme. Deshalb wächst er im Schatten des kleinen Bäumchens. Außerdem verrät er, dass die Trockenmauer hier schon ziemlich alt sein muss: Frisch aufgesetzte Mauern mag der Streifenfarn nämlich gar nicht.

16 Die Nickende Distel und die Wilde Möhre

Disteln sind Unkraut? Frag mal die Insekten! Die lieben sie nämlich. Allerdings kommt nicht jeder an den tief unten in den Blüten verborgenen Nektar. Dazu braucht man schon eine ziemlich lange Zunge wie die Hummel oder, noch besser, einen dünnen Saugrüssel, wie ihn die Schmetterlinge haben. Fliegen und Käfer besuchen lieber die Wilde Möhre. Du siehst ihre großen weißen Schirme hinter dem Schachbrettfalter.

17 Der Wiesensalbei

Der blaue Wiesensalbei ist vor allem bei Bienen und Hummeln sehr beliebt. Ganz gründlich fliegen sie Blüte für Blüte an. Dabei fangen sie immer auf dem untersten Stockwerk an und arbeiten sich langsam nach oben. Sind sie oben angekommen, brummen sie weiter – zum nächsten Salbei.

18 Der Breitwegerich

Warum heißt der Wegerich Wegerich? Natürlich weil er immer direkt am Weg steht! Seinen breiten, fast am Boden liegenden Blättern macht es nämlich nichts aus, wenn hin und wieder jemand drauftritt oder drüberfährt. Andere Pflanzen nehmen das sehr übel. Dafür schafft es der Breitwegerich nicht, mitten in der Wiese zu gedeihen. Dort überwachsen ihn die anderen und nehmen ihm das Licht.

FAUST

Feld und Flur im Herbst

Kein einfaches Leben …

Wer will schon auf dem Acker wohnen? Hier kann sich alles von einem Tag auf den anderen ändern! Eben noch lief die Feldmaus durch ein Meer von Getreidehalmen: gute Deckung und mehr als genug zu fressen. Über Nacht dann das laute Rumpeln des Mähdreschers über ihrem unterirdischen Bau. Und am nächsten Morgen? Kein Halm mehr da! Wenn die Maus jetzt aus dem Loch kommt, muss sie gut aufpassen, dass der Bussard sie nicht sofort entdeckt. Gut, dass der Mähdrescher wenigstens ein paar Getreidekörner fallen lassen hat. Von was sollte die Maus sonst leben? Da hat's der Hamster schon besser. Er hat seine Speisekammern unter der Erde gut gefüllt.

Ein paar Tage später wieder Maschinenlärm. Ein dicker Traktor mit Pflug beginnt mit der Arbeit. Jetzt muss die Maus sausen. Die Erde wird umgedreht – und damit ihre ganze Wohnung auf den

Kopf gestellt. Wieder hat's der Hamster besser: Sein Bau liegt tiefer in der Erde. Aber ganz wohl ist ihm auch nicht, wenn das scharfe Metall der Pflugschar durch den Boden fährt. Später zieht der Bauer noch einmal die Egge übers Land, glättet die gröbsten Brocken, dann ist erst mal Ruhe auf dem Acker. Dumm für die Maus, dass damit auch die letzten Körner verschwunden sind. Die nächsten Wochen werden hart für sie!

So wie der Maus geht es vielen Tieren der Feldflur. Die Maschinen haben das Leben für den Bauern leichter gemacht. Für die Tiere ist dadurch aber alles viel schwieriger geworden. Die Feldmaus hat es bisher besser geschafft als der Hamster. Sie hat unglaublich viele Kinder und vermehrt sich deshalb sehr schnell.

Lebensraum Hecke und Feld

Warum sind Hecken für Feldtiere so wichtig?

Viele Tiere des Feldes brauchen die Hecke als Rückzugsgebiet. Wo sollen sie hin, wenn der Traktor „ihren“ Acker pflügt? In der Hecke finden sie Unterschlupf und Schutz. Feldränder und Wiesenstreifen an Hecken sind auch wichtig für Vögel wie das Rebhuhn und die Feldlerche. Denn auch im Frühjahr und Sommer ist selten längere Zeit Ruhe. Wer sein Nest mitten im Feld baut, wird es kaum schaffen, seine Jungen erfolgreich großzuziehen.

Warum werden viele Feldtiere selten?

Felder gibt es doch überall – und da werden ausgerechnet Feldhase, Feldlerche und Feldhamster immer seltener? Was war früher anders? Vieles! Zum Beispiel gab es noch keinen Mähdrescher, der den Acker auf einen Schlag leert. Stoppeläcker blieben über Winter stehen; da fand sich dann immer noch ein Körnchen und ein Versteck. Und im Sommer blühten jede Menge Acker-Wildkräuter.

Haben Hecken auch „eigene“ Tiere?

Der Igel und die Spitzmaus zum Beispiel. Beide sind eben nach einem Fress-Ausflug in die Feldflur auf dem Rückweg in ihre Hecke. Kleine Tiere wie die Spitzmaus wagen sich nur wenige Meter aus der Deckung, Igel schon ein paar Schritte weiter. Aber anschließend geht's schnell zurück. Für den Bauern sind die Heckenbewohner gute Helfer, weil sie Insekten und Schnecken vertilgen, die sonst seine Nutzpflanzen fressen.

Welche Pflanzen wachsen in der Hecke?

Eine Feldhecke soll nicht so hoch werden, sonst wirft sie zu viel Schatten und verbraucht zu viel Wasser. Also pflanzt man Gebüsch: Schlehen und Heckenrosen (wie auf unserem Bild), Liguster, Pfaffenhütchen, Weißdorn, Hartriegel, Holunder und Haselnuss. Schlehen haben Dornen, Rosen haben Stacheln – in ihrem Schutz bauen Vögel gerne ihre Nester. Viele Heckensträucher blühen wunderbar: Nahrung für Insekten. Und sie tragen im Herbst Früchte, an denen sich die Zugvögel freuen.

1 Der Feldhase

Keiner startet so schnell wie er. Bis zur letzten Sekunde drückt sich der Feldhase eng an den Boden und verlässt sich auf seine Tarnfarbe. Dann aber spurtet er los. Im Nu ist er schneller als jeder Fuchs, jeder Hund, jeder Mensch: 80 Stundenkilometer schafft er! Niemand schleicht sich unbemerkt an einen Feldhasen an. Seine Augen sitzen ganz auf den Seiten des Kopfes. So sieht er gleichzeitig nach vorne und nach hinten. Und was die Augen nicht sehen, melden die langen Ohren. Übrigens: Feldhasen haben noch kleine Verwandte, die Kaninchen. Du findest sie auf Seite 15.

2 Der Igel

Igel sind langsam, Igel machen Krach, Igel sind unvorsichtig. Haben sie keine Angst vor Feinden? Nicht viel: Wenn er gestört wird, rollt sich der Igel blitzschnell zur Kugel. 6000 Stacheln starren nach allen Richtungen. Auch spitze Krallen oder scharfe Zähne können ihm jetzt ziemlich egal sein. Auf seinen kurzen Beinen kann der Igel erstaunlich weit wandern. Trotzdem entfernt er sich nicht allzu weit von der Hecke. Dort findet er Nahrung, Schnecken, Würmer und Käfer zum Beispiel. Und dort gibt es sicher auch einen großen Laubhaufen für seinen langen Winterschlaf.

3 Die Feldspitzmaus

Gut, dass Spitzmäuse so klein sind. Sie fressen nämlich jeden Tag so viel, wie sie selber wiegen. Um die zehn Gramm sind das, hauptsächlich Insekten und Würmer. Winzige Augen verraten, dass Spitzmäuse nicht besonders gut sehen. Umso besser ist ihre Nase, eine richtige Spürnase, die ständig schnüffelnd in Bewegung ist!

4 Der Feldhamster

Die meiste Zeit verbringt der Hamster unter der Erde. Dort hat er eine ziemlich große Wohnung. Lange und bis in Tiefen von über zwei Metern reichende Gänge, Wohnzimmer, ein gut gepolstertes Schlafzimmer, Klo und natürlich Vorratskammern. Diese werden im Herbst, wenn der Tisch

reich gedeckt ist, gefüllt. In seinen Backentaschen schleppt der Hamster unermüdlich Körner und Samen ein. 50 Gramm schafft er auf einen Sitz, dabei wiegt er selbst bloß 220 bis 460 Gramm. Mehrere Kilogramm bringt er unter die Erde, schließlich muss der Vorrat den ganzen Winter reichen. Alle paar Tage erwacht er dann aus dem Winterschlaf und geht speisen und aufs Klo, bevor er weiterschläft.

5 Die Feldmaus

Sagenhaft, wie viele Kinder Feldmäuse bekommen: bis zu sieben Mal im Jahr, jedes Mal bis zu zwölf Junge! Das ist auch gut so, denn Feldmäuse haben viele Feinde. Oder was meinst du, woher der Mäusebussard seinen Namen hat?

6 Der Mäusebussard

Ein scharfes Auge hilft dem Bussard bei der Jagd.

Oft segelt er in einiger Höhe und sucht sein Revier nach Beute ab. Hat er eine Maus entdeckt, stürzt er vom Himmel. Bevor die Maus etwas merkt, haben die scharfen Krallen sie schon gepackt. Bussarde setzen sich aber auch gerne auf hohe Bäume, um von oben Ausschau zu halten. Dort hinten sitzt allerdings schon ein Turmfalke, ebenfalls ein Mäusejäger. Er kann in der Luft stehen bleiben – man nennt das „rütteln" – und späht dabei nach unten.

7 Das Rebhuhn

Rebhühner lieben es warm und trocken. Damit sie sich wohl fühlen, brauchen sie aber noch ein bisschen mehr: Nicht nur freie Feldfläche, sondern auch gute Verstecke, wo sie ungestört brüten können. Erwachsene Rebhühner fressen fast nur Samen und Knospen, Küken gehen auf Insekten- und Spinnenjagd.

8 Die Saatkrähe

Eine Krähe mit weißem Gesicht? Das kann nur eine Saatkrähe sein! Im Herbst erscheinen die

Saatkrähen in großen Schwärmen und verteilen sich über die Felder, immer auf der Suche nach Körnern und Keimlingen, Insekten und Würmern. Im Frühjahr verschwinden sie wieder. Nur wenige brüten bei uns.

9 Die Feldlerche

Viele Minuten lang kreist die Lerche hoch in der Luft und singt ohne Pause.

„Dieser Brutplatz ist besetzt!" bedeutet das. Dann lässt sie sich fallen und verschwindet am Boden. Ihre Tarnfarbe sorgt dafür, dass keiner sie mehr entdeckt. Jetzt, im Herbst, ziehen Lerchen in kleinen Trupps über die Felder und nach Süden.

10 Die Wacholderdrossel

In großen Trupps ziehen die bunten Wacholderdrosseln im Herbst und Winter übers Land. Wo so leckere Beeren und Früchte locken wie in dieser Hecke, fallen sie ein, meist mit lautem Geschrei. Wenig später ist die Hecke geplündert.

⑪ Die Rotdrossel

Hoppla – unter den Wacholderdrosseln sitzt ein Fremdling. Auch eine Drossel, das zeigt die ganz ähnliche Gestalt, aber anders gefärbt. Der schicke Streifen überm Auge und die rote Flanke verraten die Rotdrossel, die nur im Winter bei uns ist.

⑫ Der Feldsperling

Der Spatz oder Haussperling, einer der häufigsten Vogel in Stadt und Dorf, hat einen Bruder auf dem Land: den Feldsperling. An seiner braunen Kappe und dem schwarzen Wangenfleck kannst du ihn leicht erkennen. Anders als beim Spatz sehen beim Feldsperling Männchen und Weibchen gleich aus. Feldsperlinge brüten in Baumhöhlen oder Nistkästen.

⑬ Der Bergfink

Wenn die Bergfinken kommen – oft in riesigen Schwärmen – steht der Winter vor der Tür. Im Sommer brüten sie in den großen Wäldern des Nordens. Auch bei uns sind sie am liebsten im Wald, vor allem wegen ihrer Lieblingsnahrung, den Bucheckern.

⑭ Der Steinkauz

Hier hat ein Vogelschützer eine Steinkauz-Wohnung gebaut. Die kleine Eule zieht ihre Brut in hohlen Ästen auf. Wo es zu wenige gibt, kann man mit solchen Wohnröhren nachhelfen.

⑮ Die Libelle

Eigentlich leben Libellen wie diese Herbst-Mosaikjungfer doch am Wasser, oder? Stimmt – dort legen sie ihre Eier und dort verbringen sie auch ihre Kindheit. Libellenlarven sind Wassertiere. Später aber kommen sie weit herum: Libellen gehören zu den besten Fliegern unter den Insekten.

⑯ Die Schlehe

Was Vögel und andere Tiere gerne fressen, muss uns Menschen nicht unbedingt schmecken. Die kleinen blauen Beeren der Schlehe sind sehr sauer und ziehen den Mund zusammen. Schlehengebüsche sind sehr dornig – ein guter Schutz für die Tiere der Hecke. Besonders schön sind sie im Frühling. Noch bevor die Blätter kommen, gehen die kleinen weißen Blüten auf.

⑰ Die Hagebutte

Hagebutten sind die Früchte der Wildrosen. Vögel mögen sie und auch für Menschen sind sie sehr gesund, weil sie sehr viel Vitamin C enthalten. Die rosa Blüten oder Heckenrosen sind vor allem bei Käfern und Hummeln sehr beliebt.

Mitten im Wald

Mitten im Wald

Auf heimlicher Pirsch

Ein Wald ist voller Tiere – aber auch voller Verstecke, in denen die Tiere verschwinden können. Deshalb kann man manchmal stundenlang durch Wälder wandern, ohne viel zu sehen. Weil die meisten größeren Tiere viel schärfere Ohren und Nasen haben als wir Menschen, bemerken sie uns früher als wir sie. Da hilft nur, selber mäuschenstill zu sein und die Augen offen zu halten!

Jeder Wald ist anders. Was für einen Wald würde sich zum Beispiel der seltene Schwarzspecht wünschen? „Naja, ein paar ganz hohe und dicke Bäume brauch ich schon, in die ich meine Bruthöhle zimmern kann. Mein Brutbaum sollte glatte Rinde haben. Äste bis zum Boden sind schlecht, da kann ja jeder raufklettern. Eine große Buche wär ganz gut. Und freien An- und Abflug zur Höhle hätte ich auch gern, ich bin ja ein ziemlich großer Vogel. Was ich fresse? Am liebsten hacke ich an vermodernden Baumstümpfen rum – du glaubst gar nicht, was da für leckere Ameisen und Käfer drinstecken!"

Unser Wald hier ist also gar nicht schlecht für Meister Specht. Es ist ein Mischwald. Du siehst Laubbäume wie die Buche, die ihre Blätter links ins Bild streckt. Aber es gibt auch Nadelbäume. In der Mitte steht eine Fichte. Über ihre Zapfen freut sich besonders das Eichhörnchen. Manchmal werden Wälder angepflanzt. Dann sind alle Bäume gleich alt, gleich groß, gleich dick. Hier nicht. Du siehst kleine und große Bäume, dünne und dicke und auch solche, die schon umgefallen sind und am Boden liegen. Solche Wälder sind für Tiere besonders gut. Auch für kleine: Nirgends gibt es so viel Insekten wie hier im Wald!

Lebensraum Mischwald

Warum ist totes Holz wichtig?

Manche ärgern sich, wenn der Förster umgefallene Bäume nicht aus dem Wald schafft. Das tut er absichtlich nicht. Denn nichts ist so lebendig wie ein toter Baum. Unzählige Insekten und ihre Larven machen sich daran, das Holz zu zerlegen. Und von ihnen leben wieder andere, der Schwarzspecht zum Beispiel.

Was sind Pilze?

Eine blöde Frage? Nicht ganz! Dass Pilze keine Tiere sind, scheint klar. Aber sind sie Pflanzen? Auch nicht, denn Pflanzen sind ja grün und brauchen die Sonne zum Wachsen. Pilze nicht. Die meisten leben im Dunkeln. Als feine, weiße Fäden durchziehen sie die Bodenstreu oder abgestorbenes Holz. Nur manchmal, meist im Herbst, kommen sie aus der Erde und machen Pilzhüte.

Warum sind Pilze wichtig für den Wald?

Alle Waldbäume arbeiten mit Pilzen zusammen. Das geht so: Die Pilzfäden umschlingen die feinsten Würzelchen des Baumes ganz eng. So eng, dass man kaum sieht, wo der Pilz endet und der Baum anfängt. Dort unten machen Pilz und Baum ein Tauschgeschäft. Der Baum gibt dem Pilz Zucker. Den können nämlich nur grüne Pflanzen herstellen, Pilze nicht. Der Pilz gibt dem Baum dafür Wasser und Nährstoffe.

Was machen eigentlich die ganzen kleinen Bodentiere?

Jeden Herbst fallen die Blätter von den Bäumen. Nach ein paar Jahren müsste man vor lauter Blättern und Ästen im Wald eigentlich kaum mehr laufen können! Ist aber nicht so, weil die Winzlinge im Boden zusammen mit den Pilzen ganze Arbeit leisten. Regenwürmer, Asseln, Springschwänze und Milben fressen den Abfall der Bäume und machen wieder fruchtbare Erde daraus. Du kannst das gut sehen, wenn du ein Stück Walderde untersuchst. Oben liegen unversehrte Blätter, weiter unten haben sie schon große Löcher, darunter siehst du nur noch Krümel im dunklen Humus.

❶ Das Reh

Immer auf der Suche nach leckeren Kräutern: Rehe gelten als „naschhaft“. Sie fressen nur besonders gute Pflanzen.

Hier siehst du eine Rehgeiß. Anders als der Rehbock hat sie kein Geweih. Jetzt im Sommer ist das Reh rotbraun, im Winter wächst sein dichtes graues Winterfell. Immer aber bleibt der „Spiegel“ weiß, an dem du das Reh auch von hinten gut erkennen kannst.

❷ Das Eichhörnchen

Geschickt holt das Eichhörnchen die nahrhaften Samen aus den Fichtenzapfen. Gut zehn Zapfen schafft es am Tag. Mit seinen scharfen Nagezähnen kriegt es aber auch Bucheckern, Eicheln und Nüsse auf. Beim Klettern helfen die spitzen Krallen. Mit dem langen Schwanz steuert das Hörnchen bei seinen meterweiten Sprüngen. Feinde? Vor dem schnellen Angriff des Habichts muss sich auch dieser flinke Kletterer in Acht nehmen!

❸ Der Fuchs

Mäuse sind seine allerliebste Beute. Aber nicht umsonst gilt der Fuchs als schlau: Er findet fast überall etwas zu fressen.

Zur Not macht auch ein Frosch satt, ein paar Regenwürmer, Käfer oder ein ordentliches Maul voll Blaubeeren.

❹ Die Gelbhalsmaus

Meinst du, die Maus kann dem Fuchs noch entwischen? Vielleicht hat sie Glück, ihr Bau ist nicht mehr weit! Außerdem klettert sie ziemlich gut. Auf den Baum kann ihr der Fuchs nicht folgen.

❺ Der Schwarzspecht

Unter den Zimmerleuten des Waldes, wie die Spechte oft genannt werden, ist er der größte – so groß wie eine Krähe. Hier fliegt ein Männchen. Bei den Weibchen ist der Kopf vorne schwarz, der rote Fleck viel kleiner. Die großen Baumhöhlen, die der Schwarzspecht mit seinem Schnabel für seine Brut meißelt, sind sehr begehrt. Wenn er umzieht, kommen dort andere Vögel, Siebenschläfer, Fledermäuse oder Hornissen unter. Auch zur Nahrungssuche hakt der große Specht Löcher ins Holz. Siehst du eins?

❻ Das Braune Langohr

Keine Frage, wie diese Fledermaus zu ihrem Namen kam: Sie hat wirklich riesige Ohren! Den Tag hat sie schlafend in einer alten Schwarzspechthöhle verbracht. Erst wenn es dunkel wird, fliegt sie aus. Dabei schreit sie dauernd – zwanzig Mal in der Sekunde! Ihre kurzen Rufe sind für uns Menschen aber unhörbar hoch. Jeder Ast, jedes Blatt und jeder Nachtfalter macht ein kleines Echo, das die Fledermaus mit ihren großen Ohren hört. Daher stößt sie auch im Dunkeln nirgends an und findet ihre Beute sicher. Manche sagen deshalb: Fledermäuse „sehen“ mit den Ohren.

❼ Die Weidenmeise

Viele Meisen sind bunt. Die Weidenmeise nicht. Aber Weidenmeisen können ihre Bruthöhlen dafür mit ihrem spitzen Schnabel selber bauen! Sie suchen sich dazu gerne morsches Holz oder einen Weidenbaum aus, weil deren Holz nicht so hart ist.

❽ Der Eichelhäher

Ein Vogel mit zwei Berufen: „Polizist des Waldes“ wird der Vogel mit den blauen Federn genannt, weil er laut kreischt, wenn Gefahr droht, und damit auch andere Tiere warnt. Aber der Polizist ist auch ein Gärtner. Eichelhäher verstecken im Herbst nämlich viele Eicheln, Bucheckern und Nüsse als Wintervorrat. Aber natürlich finden sie nicht alles wieder. Vergessene Samen können im Frühjahr loswachsen.

❾ Der Waldkauz

Huuu – hu, hu, hu huuuuuh. Nachts im Wald klingt das ganz schön unheimlich! Die Mäuschen müssen jetzt ganz leise sein! Denn der Waldkauz hört mit seinen unglaublich scharfen Ohren das feinste Rascheln. Zu sehen ist der nächtliche Jäger fast nie. Tagsüber schläft er und ist mit seinem rindenfarbenen Federkleid dann kaum zu entdecken.

❿ Der Habicht

Die Ringeltaube hat nicht gut aufgepasst. Aber dem blitzschnellen Habicht zu entkommen ist auch nicht einfach!

⓫ Der Kleiber

Pfiffig sieht der Vogel mit dem schwarzen Augenstrich aus. Laut pfeifen kann er auch, im Frühjahr ist er nicht zu überhören. Was er kann wie kein anderer: kopfabwärts die Bäume herunterklettern! Den Eingang zu seiner Bruthöhle klebt er mit Lehm so weit zu, dass er grade noch durchpasst. Wenn der Lehm trocken und hart wird, macht ihm kein größerer Vogel mehr die Bruthöhle streitig!

⓬ Der Regenwurm

Über einen Meter reichen die Gänge der Regenwürmer in den Untergrund. Vor allem nachts machen die Würmer aber auch Besuche an der Oberfläche. Dabei bleiben sie mit dem Hinterende im Gang – zur Sicherheit. Mit dem Mund packen sie alte Blätter und ziehen sie unter die Erde. Dort fressen sie sie später in aller Ruhe.

⓭ Die Gefleckte Schnirkelschnecke

Schnecken lieben es feucht und kühl. Am Waldboden fühlen sie sich deshalb besonders wohl. Ihr Lieblingswetter: Regen!

⓮ Der Totengräber

Eine Mönchsgrasmücke ist gestorben. Sofort sind die schwarz-orangen Totengräber und andere Aaskäfer zur Stelle. Der Totengräber buddelt ein Loch unter dem Vogel – so verschwindet er langsam unter der Erde, wo er später als Futter für die Kinder des Totengräbers dient.

⓯ Pilze am Boden

Mit feinsten Fäden durchziehen die Pilze, fast unsichtbar, den ganzen Waldboden. Die meisten wagen sich nur kurz über die Erde: Dann wachsen die Hüte. Die Pilzsporen, ein staubfeines Pulver unter dem Hut, werden vom Wind verweht und sorgen für neue Pilze an anderen Stellen. Baumpilze sind oft stabiler und können mehrere Jahre alt werden.

⓰ Der Fingerhut

Eine kleine Lichtung, Sonnenstrahlen fallen auf den Boden: Hier wächst der Fingerhut. Bienen und Hummeln besuchen seine tiefen Blütentrichter gerne. Für Menschen ist er allerdings giftig – also aufpassen!

⓱ Unter der Lupe

Waldböden wimmeln von Leben. Unter dem linken Vergrößerungsglas siehst du einige der Tiere, die in der Bodenstreu unterwegs sind. Die stark gepanzerte Assel und die Haarmückenlarve fressen dort faulende Blätter und machen fruchtbaren Humus daraus. Die Wolfsspinne und der lange dünne Erdläufer sind „Raubtiere".
Die Lupe rechts vergrößert noch stärker. Auch in den kleinsten Lücken zwischen den Erdkrümeln und Blattresten sind nämlich noch Tiere zu Hause. Du erkennst winzige Springschwänze (oben und unten), eine Hornmilbe (links) und den ganze vier Millimeter großen Moosskorpion. Keine Frage, welcher von den vieren Jagd auf die anderen macht, oder?

Am Bach entlang

Am Bach entlang

Frühling im Bachtal

Ein lebendiger Bach! Im Wasser wimmelt es nur so von Leben. Und auch der Bach selbst darf leben und wird nicht, wie so viele andere Wasserläufe, von Mauern in sein Bett gezwungen. Er macht Kurven und Schlingen. Bei Hochwasser darf er auch mal übers Ufer treten. Hinten im Tal ist sogar eine ganze Wiese überschwemmt. Die gelben Sumpfdotterblumen wachsen nur dort, wo der Boden besonders nass und sumpfig ist. In den

Kurven nagt der Bach am Ufer. Dann bricht Erde ab, Steilufer entstehen. Gut für den Eisvogel, der dort seine Brutröhren gräbt. Schon entdeckt?

Bäume am Ufer helfen mit ihren Wurzeln, dass der Bach nicht ganz machen kann, was er will. Sie halten den Boden fest. Wo die Wurzeln freigespült sind, entstehen gute Verstecke für Fische. Schwarzerlen – der Baum ganz links – halten es gut aus, dauernd mit den Füßen im Wasser zu stehen. Auch Weiden mögen es nass. Hinten siehst du drei Kopfweiden mit dicken, kurzen Stämmen und dünnen Zweigen. Solche merkwürdigen Gestalten entstehen, wenn die frischen Triebe jedes Jahr abgeschnitten werden. Früher hat man aus den biegsamen, langen Trieben Körbe geflochten. Vögel brüten gerne in den knorrigen Weiden. Vielleicht bauen die Stockenten ihr Nest dort oben?

An den Hängen wächst Buchenwald. Im Sommer ist sein Blätterdach so dicht, dass kaum Licht zum Boden dringt – zu dunkel für die Pflanzen dort. Deshalb blühen die meisten im Frühjahr, wenn die Sonne noch ungehindert durchkommt. Den Anfang machen die weißen Buschwindröschen. Bald werden Schlüsselblumen folgen.

Lebensraum Bach

Was ist die „Forellenregion“?

Jeder Fluss fängt klein an. Im Bach ist das Wasser kalt, es fließt unruhig, springt eilig über Steine und Wurzeln. Das ist die Forellenregion, so genannt nach der Bachforelle, die dort lebt und die sich nicht mehr wohl fühlt, wenn der Fluss anfängt, gemütlicher zu werden, breiter, langsamer, wärmer. Auch andere Fische brauchen das saubere, eiskalte Wasser der Forellenregion, die Groppe oder der Schneider. Genauso geht es auch dem Feuersalamander und den Krebsen.
Zur „Forellenregion“ gehört also nicht nur die Forelle selbst, sondern eine ganze Lebensgemeinschaft.

Gibt es Insekten im Wasser?

Ja, und zwar jede Menge! Allerdings findest du unter Wasser nicht die erwachsenen Insekten – die haben Flügel und gehören an die Luft – sondern die Kinder, Larven genannt. Oft leben solche Larven länger als die Erwachsenen. Die Eintagsfliegen zum Beispiel haben schon ein oder zwei Jahre im Wasser hinter sich, bevor sie schlüpfen und dann nur noch wenige Stunden an der Luft leben! Insektenlarven im Wasser sind ein wichtiges Futter für Fische. In unserem Bach findest du die Larven der Steinfliegen und der Köcherfliegen.

Mag der Eisvogel Eis?

Ganz im Gegenteil! Wenn der Bach zufriert, muss der Eisvogel auswandern, weil er keine Fische mehr erwischen kann. Wahrscheinlich ist es das metallisch glänzende Gefieder, das dem „blauen Blitz“ seinen Namen gegeben hat. Eigentlich müsste er also „Eisenvogel“ heißen.

Was machen die Tiere bei Hochwasser?

Sie verstecken sich zwischen Wurzeln oder hinter großen Steinen, um sich gegen die reißende Strömung zu schützen. Trotzdem werden natürlich zahlreiche kleine Tiere mitgerissen. Zum Ausgleich fliegen viele Wasserinsekten nach dem Schlüpfen deshalb ein Stück bachaufwärts, bevor sie Eier legen.

1 Der Eisvogel

Der Lieblingsplatz des Eisvogels: ein dürrer Ast direkt über dem klaren Wasser. Sieht er eine Elritze, geht es im Sturzflug nach unten. Eine Sekunde später ist er schon wieder aufgetaucht, mit einem Fischchen im Schnabel. Kopf voran wird es am Stück geschluckt. Sein Nest siehst du auf der anderen Seite des Baches: ein Loch in der Steilwand.

2 Die Wasseramsel

Kaum zu glauben: Der dunkle Vogel mit dem weißen Latz, der eben noch auf einem Stein saß, hat sich kopfüber ins Wasser gestürzt! Er taucht! Er lässt sich von der starken Strömung auf den Grund drücken. Dort unten stochert er mit seinem kräftigen Schnabel in alle Ritzen.

Da – jetzt hat er eine dicke Steinfliegen-Larve gepackt. Leicht wie ein Korken schießt die Wasseramsel jetzt wieder an die Oberfläche und schwimmt zum nächsten Stein. Nun kommt Gefiederpflege dran, damit das Federkleid des einzigen tauchenden Singvogels auch schön wasserdicht bleibt.

3 Die Bachstelze

Schwarz-weiß und immer in Bewegung: Das ist die Bachstelze. Sie macht Jagd auf die vielen kleinen Insekten, die am Bachrand unterwegs sind. Dabei wippt der lange Schwanz ständig auf und ab. Auch im Fliegen erkennst du eine Bachstelze ganz leicht: Sie fliegt nämlich nicht geradlinig, sondern in tiefen Wellen. Und bei jedem Bogen ruft sie einmal laut „zilipp“.

❹ Die Gebirgsstelze

Auch eine Stelze, aber mit gelbem Bauch und noch viel längerem Schwanz als die Bachstelze. Die Gebirgsstelze liebt ganz besonders die kleinen, schnell fließenden Bäche im Bergland. Auch ihr Nest baut sie immer ganz nah am Wasser.

❺ Der Zaunkönig

„Eine Maus!“ Wenn der winzige braune Vogel knapp über dem Boden dahinschnurrt oder durchs Unterholz huscht, kann man ihn schon mal verwechseln. Nicht aber, wenn er hervorkommt, das kurze Schwänzchen keck in die Höhe streckt und aufgeregt knickst. Und schon gar nicht, wenn er seinen Gesang erschallen lässt. Der ist für einen so kleinen Vogel geradezu unglaublich laut. Man sieht ihm seine Begeisterung fast an: Bei den schmetternden Trillern zittert der ganze Zaunkönig! Sein Nest ist eine gut versteckte Mooskugel mit seitlichem Eingang. Entdeckst du es?

❻ Der Habicht

Alarm! Knapp über dem Boden schießt ein Habicht aus dem Wald! Blitzschnelles Auftauchen ist der Trick dieses wendigen Greifvogels. Oft gelingt so ein Überraschungsangriff. Hier hat er wohl Pech. Die Stockenten, von denen er sich eine schnappen wollte, fliegen schnell weg.

❼ Die Stockente

Nochmal Glück gehabt! Vorne startet der bunte Erpel mit seinem grünen Kopf und dem weißen Halsring. Auch das Weibchen hat einen leuchtend blauen, weiß eingerahmten Flügelspiegel. Der ist aber nur im Fliegen zu sehen. Sitzt die Ente auf dem Nest, ist sie wunderbar getarnt. Der Erpel hilft nicht beim Brüten.

❽ Der Rotmilan

Der größte und schönste unserer Greifvögel ist zurück aus dem Winterquartier. Den Rotmilan erkennst du leicht an seinem tief gegabelten Schwanz und den bunten Flügeln.

❾ Der Grünspecht

Ein Grünspecht-Männchen. Das siehst du am roten „Bart“ – bei Weibchen ist er schwarz. Der Grünspecht kann ebenso gut klettern wie alle Spechte. Seine Nahrung sucht er aber am liebsten auf dem Boden. Im Gras fällt er mit seinem grünen Rücken kaum auf. Seine Lieblingsspeise: Ameisen. Der Grünspecht hackt ihre unterirdischen Baue auf und fängt sie mit seiner zehn Zentimeter langen, klebrigen Zunge.

❿ Der Waldbaumläufer

Ein Stückchen Rinde huscht den Baum herauf? Das kann nur der Baumläufer sein. Mit seinem dünnen, gebogenen Schnabel findet er jede noch so winzige Spinne, die sich in der rauen Borke versteckt.

⓫ Der Iltis

Der Marder mit dem bunten Gesicht ist gerne am Wasser unterwegs. Am Ufer findet sich immer was zu fressen, ein angeschwemmter Fisch vielleicht, oder ein Frosch. Iltisse schwimmen und tauchen auch sehr gut.

⑫ Der Feuersalamander

Schwarz-gelb ist eine beliebte Warnfarbe im Tierreich. Meist heißt sie: Fass mich nicht an, ich bin giftig! Auch der Feuersalamander verlässt sich darauf, dass keiner ihm etwas tut.

Seine „Giftfabriken" sitzen in zwei großen Höckern hinter den Augen. Eigentlich sind Feuersalamander Waldtiere. Im Frühjahr marschieren die Weibchen aber ans Bachufer. Ihre Eier haben sie schon im Bauch „ausgebrütet", so dass sie gleich lebende Junge bekommen. Die gehen dann sofort nach der Geburt auf die Jagd nach kleinen Wassertieren. Erst Monate später steigen sie an Land.

⑬ Kleintiere im Bach

Viele Insekten haben ihr Kinderzimmer im Wasser. Insektenkinder nennt man „Larven". Die der Köcherfliegen bauen sich aus winzigen Steinchen Wohnröhren.

Steinfliegenlarven haben lange Fühler und Schwanzfäden. Und kräftige Beine, mit denen sie sich am steinigen Boden festhalten. Auch die beiden Bachflohkrebse bleiben am liebsten zwischen den Steinen, wo die Strömung schwächer ist.

⑭ Der Flusskrebs

Gefährliche Scheren! Mit ihnen kann der Krebs schon ganz schön zwicken! Tagsüber ist er gut versteckt, nachts streift er umher.

Die langen Fühler helfen ihm, in der Dunkelheit Beute aufzuspüren. Durch seinen harten Panzer ist der Krebs gut geschützt. Sein Nachteil: Er wächst nicht mit. Deshalb häutet sich der Krebs immer wieder. Er steigt aus der alten Rüstung. Darunter hat er schon die neue, größere. So lange diese noch weich ist, ist der Krebs besonders vorsichtig.

⑮ Die Bachforelle

Unter der Wurzel strömt das Wasser nur schwach.

Hier hat die Bachforelle ihren Einstand. Andere Fische vertreibt sie von dort. Forellen fressen nicht nur Wassertiere, sondern erbeuten mit Sprüngen auch fliegende Insekten.

⑯ Die Elritze

Die kleinen Elritzen haben eine gute Nase. Über den Geruch halten sie sogar ihren Schwarm zusammen, tags und nachts.

Wenn eine Forelle eine Elritze schnappt, gibt diese einen Schreckstoff ins Wasser ab. Den riechen die anderen und verstecken sich schnell am Boden zwischen Wurzeln oder Wasserpflanzen.

⑰ Die Groppe

Diese gefährlich aussehenden, großmäuligen Dickköpfe sind keine guten Schwimmer. Wenn nötig „hüpfen" sie nur über den Boden.

Aber am liebsten bleiben sie am Grund – nahe bei ihrer Lieblingsbeute, den Bachflohkrebsen und Insektenlarven. Außerdem kann sie die starke Strömung dann nicht so leicht wegschwemmen.

⑱ Der Schneider

Manche Fische haben schon merkwürdige Namen! Der seltene Schneider steht gerne in kleinen Trupps mitten im Bach, dort, wo das Wasser am stärksten fließt.

Dort kommt ihm seine Nahrung direkt entgegen. Er braucht nur den Mund aufzusperren. Aber Schneider fressen auch kleine Bodentiere.

FAUST

Auwald und Altwasser

Ein stiller See mitten im Wald?

Früher sah es hier noch ganz anders aus. Ein großer Fluss rauschte mitten durch das Bild, breite Kiesbänke an den Ufern, immer wieder vom Hochwasser umgewühlt. Aber das ist lange her. Inzwischen hat sich der Fluss ein anderes Bett gesucht – das konnten die Flüsse früher noch. Und was ist mit dem alten Flussbett passiert? Hier fließt kaum mehr Wasser. Die Strömung ist nur schwach, das Flussbett wird schlammiger, das Wasser flacher. Schilf breitet sich aus. An den Ufern wachsen Pflanzen und allmählich entsteht ein Wald: Aus dem rauschendem Fluss ist ein stiller Altarm geworden. Nur noch gelegentlich, bei starkem Hochwasser, erinnert sich der Hauptstrom an sein früheres Bett und schickt einen Schwall frisches Wasser durch den Altarm. Deshalb verlandet er nicht vollständig.
Und die Tiere? Mit dem Wandel vom Fluss zum Altarm hat sich natürlich auch die Tierwelt verändert. Zu den eher schlanken Flussfischen kommen nun auch Stillwasserfische. Große Teichmuscheln, die es ebenfalls ein bisschen ruhiger mögen, haben sich angesiedelt. Vielleicht stammen sie aus einem weit entfernten Gewässer: Ihre Larven heften sich nämlich an Fischflossen und können damit weit reisen. Mit dem Schilfrohr kamen die Rohrsänger, Rohrammern und Rohrweihen, aber auch der Hecht. Das grünfüßige Teichhuhn fühlt sich im dichten Ufergebüsch wohl. Selbst die

heimliche Knäkente findet genügend Deckung. Schließlich der Haubentaucher: Auch dieser elegante Fischjäger ist eigentlich ein Bewohner von Seen, nicht von Flüssen.

Lebensraum Auwald

Was ist ein Auwald?

Entlang der Flüsse wächst ein ganz besonderer Wald: der Auwald. Seinen Bäumen macht es nichts aus, wenn sie mal eine Weile überschwemmt werden. Das passiert bei Hochwasser nämlich oft. Ganz nahe am Fluss stehen die Weiden. Du siehst eine ganz links, das Beutelmeisennest hängt an den biegsamen Zweigen mit den schmalen Blättern. Auch die Schwarzerle, der Baum rechts mit den runden Blättern, wächst gerne in Ufernähe. Etwas weiter vom Wasser entfernt dann viele alte Eichen, die Lieblingsbäume des seltenen Mittelspechts.

Was ist ein Altarm?

Ein Altarm entsteht, wenn Bäche oder Flüsse ihren Lauf verlagern. Altarme sind also frühere Flussläufe, in denen nur noch ganz wenig Strömung herrscht und die deshalb allmählich verlanden. Vom Ufer her dringt Schilf vor. Gelbe Schwertlilien blühen. Fische und viele andere Wassertiere fühlen sich im Altwasser besonders wohl.

Was ist die „Brachsenregion“?

Die „Forellenregion“ kennst du ja schon (Seite 33). Dort fließen kleine Bäche eilig über Stock und Stein. Das Wasser ist kalt und klar. Im Altwasser sieht die Welt unter Wasser ganz anders aus: kaum Strömung, eher trübes und oft ziemlich warmes Wasser, Schlammboden. Genau so mag es der Brachsen.

Was lebt im Schilf?

Stell dir mal vor: Halme, Halme, Halme, darunter Wasser! So sieht es im Schilfmeer aus. Warum Vögel das Schilf trotzdem lieben? Es gibt dort unglaublich viele Insekten! An Nahrung herrscht also kein Mangel. Deshalb machen viele Vögel Ausflüge ins Schilf. Andere leben immer hier, der Teichrohrsänger zum Beispiel. Er hat extra Kletterfüße, mit denen er sich an den senkrechten Halmen gut festhalten kann. Ziemlich schwierig ist es, im Schilf zu nisten. Der Rohrsänger schafft es aber, sein Nest hochwassersicher zwischen einige senkrechte Schilfstängel zu flechten. Die Rohrweihe sucht sich für ihr Nest eine Plattform abgeknickter Halme.

1 Der Hecht

Ein riesiges Maul! Dem Hecht sieht man seinen großen Hunger schon an. Fische, Frösche, Wasserratten und junge Enten: Nichts ist vor ihm sicher. Wenn er im Schilf lauert, ist er kaum zu sehen. Sein Streifenmuster tarnt vorzüglich. Außerdem können Hechte ihre Farbe verändern. So kann selbst ein metergroßer Hecht völlig unsichtbar werden.

2 Der Brachsen

Hast du den Brachsen schon entdeckt? Von den drei ziemlich ähnlich aussehenden Fischen rechts ist es der mittlere. Du erkennst ihn an der langen unteren Flosse. Dort wo Flüsse breit und langsam geworden sind, sind Brachsen oft die häufigsten Fische. Ganz anders als der Hecht ist der Brachsen ein gemütliches Tier. Er ist nur für im Boden lebende Kleintiere gefährlich. Bei seiner Wühlarbeit hinterlässt der Brachsen tiefe Löcher im Schlamm.

3 Der Giebel

Auch wenn du hier nur zwei siehst: Im Altwasser ist der Giebel meist der häufigste Fisch, der oft in großen Schwärmen vorkommt.

4 Der Wasserfrosch

Ihre Eltern haben die Kaulquappen nie kennengelernt. Die Froschmütter legen ihre Eier – den Laich – einfach ins Wasser und schwimmen davon. Jetzt wachsen die Kaulquappen allmählich heran. Manche haben schon winzige Beinchen. Wenig später entstehen die Vorderbeine, dann verschwindet der Schwanz: Fertig ist der kleine Frosch!

❺ Die Sumpfdeckelschnecke

Tatsächlich kann die große Wasserschnecke ihr Häuschen mit einem Deckel dicht verschließen. Bei Gefahr macht sie das auch sofort. Auch wenn der Teich einmal austrocknet, kann der Deckel ihr Leben retten. Eine zweite Besonderheit: Diese Schnecke legt keine Eier, sondern bekommt lebende Junge!

❻ Die Große Teichmuschel

Die Muschel hat nur einen einzigen Fuß. Das genügt, um auf Wanderschaft zu gehen. Mit dem Fuß kann sie den ganzen Körper nachziehen.

❼ Die Bisamratte

Ein wasserdichter Pelz, kleine Schwimmhäute und ein kräftiger Paddelschwanz: Bisamratten sind sehr gute Schwimmer. Am liebsten fressen sie Pflanzen. Im Winter tauchen sie aber auch gerne nach Muscheln.

❽ Der Kuckuck

Diesen Vogel kennt wirklich jeder: „Kuckuck, kuckuck, tönt's durch den Wald!" Aber wer weiß auch, wie der Kuckuck aussieht? Nur wenige haben den heimlichen Rufer schon gesehen! Der Kuckuck passt auf, wo der Rohrsänger sein Nest baut. Dort will er eines seiner Eier einschmuggeln und ausbrüten lassen. Der Kuckuck brütet nämlich nicht selber. Für jedes Ei, das er legt, sucht er ein neues Nest. Mehr als einen Kuckuck können die Pflegeeltern nicht ernähren. Übrigens: Hast du auch den zweiten Kuckuck entdeckt?

❾ Der Schwarzmilan

Immer wieder taucht der Schwarzmilan am Himmel auf. Wie sein „großer Bruder", der Rotmilan auf Seite 34, hat er einen Gabelschwanz. Aber der Schwarze ist ziemlich einfarbig dunkel, nicht so bunt wie der Rote. In niedrigem Suchflug fliegt er über das Wasser. Vielleicht erwischt er einen unvorsichtigen Fisch?

❿ Der Pirol

Noch so ein Frühlingsbote wie der Kuckuck. Beide sind sie im Winter in Afrika. Der Pirol kommt als einer der letzten von seiner weiten Reise zurück. Wie der Kuckuck verrät er sich meistens nur durch seine Stimme, denn trotz seiner auffallenden gelben Farbe kann man ihn im Grün der Blätter kaum entdecken.

⓫ Der Mittel- und der Kleinspecht

Siehst du die beiden Spechte, schwarzweiß mit roter Kappe? Schau genau hin, dann wirst du die Unterschiede zwischen dem Kleinspecht (oben) und dem Mittelspecht (unten) schon entdecken!

⓬ Der Teichrohrsänger

Rohr + Sänger: Der Name verrät schon alles! Unglaublich geschickt bewegt sich der kleine braune Vogel im Röhricht, immer auf der Suche nach Insekten und dabei nur ganz schwer zu entdecken. Umso lauter ist seine Stimme. Sie schallt weit durch den Schilfwald: ein deutliches Zeichen für andere Rohrsänger, dass dieses Gebiet schon besetzt ist.

13 Die Rohrammer

Noch ein Vogel, der das Schilfrohr im Namen trägt. Ganz oben auf dem Halm sitzt das Rohrammer-Männchen, in Tarnfarbe bis auf seinen schwarzen Kopf. Gute Aussicht und ein guter Platz zum Singen da oben! Auch hier gilt: Weibchen sind schlichter gefärbt.

14 Das Blaukehlchen

Nicht weniger schön als das bunte Federkleid ist der Gesang des Blaukehlchens. Da zeigt sich, dass es ein naher Verwandter der Nachtigall ist, die als einer unserer besten Sänger gilt. Die blaue Kehle mit dem weißen Sternchen und das rote Brustband zeigt nur das Männchen. Findest du sein Weibchen? Du erkennst es am dunklen Brustband und dem hellen Strich über dem Auge.

15 Die Rohrweihe

Mit weit vorgestreckten Füßen schießt die Rohrweihe ins Schilf. Ob sie Beute gesehen hat, einen Frosch oder ein Teichhuhn? Aber vielleicht landet sie nur auf dem Nest, das sie im dichten Röhricht aus Schilf gebaut hat.

16 Der Graureiher

Da steht einer am Schilfrand und lauert. Keine Bewegung verrät ihn. Aber wehe, ein Fisch kommt ihm zu nahe. Dann schnellt der spitze Schnabel blitzschnell vor, so dass kein Entkommen ist!

17 Die Beutelmeise

Komisches Ding, was da im Weidenbaum hängt! Es scheint dem Vogel mit dem braunen Rücken, dem grauen Kopf und der schwarzen Augenmaske zu gehören. Tatsächlich hat die Beutelmeise ihr merkwürdiges Nest aus Weidensamen in tagelanger Arbeit selbst gebaut. Eine kuschelige Wohnung für die Brut!

18 Das Teichhuhn

Teichhühner sind meist am Ufer unterwegs, ob an Land oder im Wasser. Sie können ebenso gut schwimmen wie geschickt durch das Ufergestrüpp klettern. Durch seine dunkle Färbung ist das Teichhuhn gut getarnt. Wer aber genauer hinguckt, sieht einen erstaunlich bunten Vogel: oben braun, unten blauschwarz, ein leuchtend rotgelber Schnabel, grüne Beine, ein schicker weißer Seitenstreifen und auffallend weiße „Rücklichter".

19 Die Knäkente

Wildenten gibt es in ganz unterschiedlichen Größen. Die häufige Stockente (Seite 34) gehört zu den großen Arten, die seltene Knäkente zu den kleinsten. Du erkennst sie leicht an dem weißen Streifen am Kopf – wenn du sie überhaupt siehst, denn Knäkenten leben sehr versteckt.

20 Der Haubentaucher

Nicht mal unter Wasser haben die Fische ihre Ruhe! Der Haubentaucher, ein überaus schneller und wendiger Fischjäger, kann bis zu 30 Meter tief tauchen! Die schicke rote Federhaube stellen die Taucher bei der Balz auf. Dann schwimmen Männchen und Weibchen gegenüber, schütteln die Köpfe und rufen laut.

Das Wattenmeer der Nordseeküste

FAUST

Das Wattenmeer der Nordseeküste

Ein Spaziergang auf dem Meeresboden?

Das geht im Wattenmeer ganz einfach. Zweimal am Tag – bei Ebbe – verschwindet dort das Wasser. Übrig bleiben riesige Flächen aus festem Sand und weichem Schlick, dazwischen kleine Pfützen. Wer jetzt im Watt wandert, muss aber gut aufpassen. Denn ein paar Stunden später kommt die Flut: Das Meer kehrt zurück. Der Wattboden verschwindet wieder unter dem salzigen Wasser der Nordsee. Wo das Land aufhört und das Meer beginnt, ist deshalb an der Nordseeküste gar nicht so einfach zu erkennen, auch weil die Flut nicht jeden Tag gleich hoch steigt.
Öde und leer sehen die Schlammflächen bei Ebbe aus. Aber das täuscht. Viele kleine Spuren verraten,

dass es unter der Oberfläche von kleinen Tieren nur so wimmelt: Das Watt ist voller Muscheln, Schnecken, Würmer und Krebschen. Das wissen auch die Vögel, die von ihren Brutplätzen in den Salzwiesen, auf den Inseln und Sandbänken zum Fressen ins Watt fliegen. Auch Millionen von Zugvögeln, die auf ihrem Weg in ferne Länder im Frühling und im Herbst oft wochenlang Pause im Wattenmeer machen, werden noch satt.
Viele der Vögel, die hier leben, haben lange Beine und lange Schnäbel. Die Beine, damit sie gut im flachen Wasser waten können. Den Schnabel, um im weichen Schlick nach verborgenen Würmern oder Muscheln zu stochern. Mit der empfindlichen Schnabelspitze spürt der Vogel, wenn er auf Beute gestoßen ist. Natürlich lässt sich ein langer Schnabel im schweren Schlamm schlecht aufmachen. Die Lösung: Die Wattvögel lassen den Schnabel zu, öffnen nur die bewegliche Schnabelspitze und schnappen damit den Wurm!

Lebensraum Wattenmeer

Wie entstehen Ebbe und Flut?

Es ist der Mond, der die Gezeiten – Ebbe und Flut – macht. Bei seiner Bewegung um die Erde lässt er durch seine Anziehungskraft einen flachen Wasserberg über die Ozeane wandern.

Was sind Priele?

So heißen die „Flüsse" im Watt. Bei Ebbe läuft das Wasser durch die Priele zum offenen Meer. Kommt die Flut, fließt das Wasser in den Prielen in die andere Richtung. Durch kleine Priele kann man leicht durchwaten. Bei größeren ist die Strömung viel zu stark. Priele setzen sich bis in die Salzwiesen fort (rechts auf dem Bild).

Was sind Salzwiesen?

Wenn es im Herbst und Winter stürmt, steigt die Flut so hoch, dass die Küste immer wieder von salzigem Meerwasser überschwemmt wird. Das können nur wenige Pflanzen aushalten. Deshalb wachsen in den Salzwiesen nur ganz besondere Pflanzenarten. Ihnen macht das Meerwasser nichts aus – manche brauchen es sogar.

Wo gibt es Sandbänke?

An der Küste ist der Wattboden so schlickig, dass Fußgänger tief einsinken. Nahe dem offenen Meer sind die Strömungen viel stärker. Dort wird der feine Schlick vom Wasser weggetragen und der Wattboden ist sandig und fest. Manche Sandbänke sind auch bei Flut nicht überschwemmt und wichtige Rastplätze für Vögel und Seehunde.

Was lebt im Watt?

Für kleine Tiere ist das Leben im Watt nicht so einfach. Wo sollen Würmer, Muscheln und Krebschen hin, wenn das Wasser bei Ebbe verschwindet? Die Lösung: Die meisten Tiere leben eingegraben im feuchten Schlick oder Sand. Erst bei Flut öffnen sie ihre unterirdischen Wohnungen. Die Flut bringt nicht nur frisches Wasser, sondern auch Nahrung – winzige Lebewesen, die im Wasser treiben. Das Fressen wird also direkt „vor die Haustür" geliefert.

❶ Die Uferschnepfe

Weit über zehn Zentimeter lang kann der Stocherschnabel sein, mit dem die Uferschnepfe auf Wurmjagd geht. Hier versucht sie gerade einen Wattwurm zu erwischen. In ihrem Brutgebiet – sie kommt vor allem in feuchten Wiesen vor – erbeutet sie am liebsten Regenwürmer. Wenn der Boden austrocknet und zu hart wird, stellt sie Insekten nach und frisst gerne Käfer und Heuschrecken.

❷ Der Rotschenkel

Solange er sitzt, fällt der braun gesprenkelte Rotschenkel trotz der roten Beine kaum auf. Seine gute Tarnung fliegt aber sofort auf, wenn er in der Luft ist. Dann leuchten Flügelstreifen und Schwanz weiß. In seinem Brutrevier in den Salzwiesen sitzt der Rotschenkel gerne auf Zaunpfosten. Mit lauten, schrillen Rufen versucht er, alle zu verscheuchen, die sich dem im Gras gut versteckten Nest oder seinen Jungen nähern. Zwei nahe Verwandte des Rotschenkels sind Grünschenkel und Bruchwasserläufer (über der Uferschnepfe).

❸ Der Kampfläufer

Keiner sieht aus wie der andere: Jedes Männchen hat eine anders gefärbte Halskrause. Neben weißen Hauben und Kragen kommen braune, rötliche und schwarze vor. Im Frühjahr treffen sich mehrere Männchen jeden Morgen auf ihrem Balzplatz in der Wiese. Dort spreizen sie ihren Federschmuck und vollführen merkwürdige Sprünge und Schaukämpfe. Alles, um von einem der tarn-

farbenen Weibchen ausgewählt zu werden. Nestbau und Brut müssen die Weibchen dann alleine erledigen.

4 Die Bekassine

Bekassinen „singen" mit dem Schwanz! Im Sturzflug spreizen sie die äußersten Schwanzfedern ab. Wenn die Luft durchsaust, entsteht ein Geräusch. Es klingt, wie wenn eine Ziege leise meckert. „Himmelsziege" wird die Bekassine deshalb manchmal genannt. Wenn er nicht gerade „singt", ist der Vogel mit dem Riesenschnabel fast unsichtbar. Dafür sorgt sein braun gestreiftes Gefieder.

5 Der Säbelschnäbler

Mit seinem schwarz-weißen Federkleid ist er einer der schönsten Vögel des Wattenmeers. Mit dem dünnen, nach oben gebogenen Schnabel säbelt er hin und her durch den weichen Schlamm. Dabei scheucht er Würmer und kleine Krebschen auf. Gemeinsam geht das besser. Deshalb jagen Säbelschnäbler gerne in langen Reihen.

6 Die Zwergseeschwalbe

Aus mehreren Metern Höhe stürzt sich die Zwergseeschwalbe ins Wasser, wenn sie dort ein kleines Fischchen entdeckt hat. Die kleine Seeschwalbe brütet gerne auf Sandstränden. Eier und Junge sind sandfarben und kaum zu sehen. Übrigens: Richtige Schwalben sind die Seeschwalben natürlich nicht. Sie haben nur einen gegabelten Schwalbenschwanz.

7 Die Silbermöwe

Ohne einen einzigen Flügelschlag stehen sie im Wind oder folgen sie Schiffen lange Zeit. Die großen Möwen mit den langen, schmalen Flügeln und einer Spannweite von 125 bis 145 Zentimetern sind hervorragende Flieger. Sie brüten in großen Kolonien auf den Inseln der Nordsee. Oft finden sich hier viele tausend Paare zusammen. Gefressen wird (fast) alles, was vor den Schnabel kommt. Was zu groß für den Schlund der Silbermöwe ist, lässt sie oft aus einiger Höhe fallen, bis es zertrümmert ist.

8 Die Lachmöwe

Lachmöwen sind viel kleiner als Silbermöwen. An ihrem braunen Gesicht sind sie im Sommer leicht erkennbar.

9 Die Ringelgans

Die dunklen Gänse mit dem weißen Halsring haben noch einen weiten Weg vor sich. Sie brüten im fernen Sibirien.

10 Der Schlickkrebs

Die winzigen Krebse wohnen im Wattboden und sammeln mit ihren langen Antennen Futter rund um ihre Wohnröhren ein. Wer ganz leise ist, kann das Watt flüstern hören.
Das knisternde Geräusch entsteht, wenn die Schlickkrebse ihre Antennen auseinander ziehen, so dass das Wasserhäutchen dazwischen zerreißt.

11 Der Wattwurm

Gut geschützt sitzt der bis 30 Zentimeter lange Watt- oder Pierwurm in seiner U-Röhre. Er frisst den an Nährstoffen reichen Wattboden, der

immer wieder nachrutscht, so dass oben ein kleiner Trichter entsteht (rechts). Am anderen Ende setzt er seinen Kot als Sandwurst ab. Dabei muss er aufpassen, dass er nicht von Vögeln oder Fischen entdeckt wird.

⓬ Der Bäumchenröhrenwurm

Seine Wohnung aus miteinander verklebten Muschel-Bruchstücken baut sich der Wurm selbst. Die Nahrung – im Wasser schwebende Kleintiere – liefert das Meer.

⓭ Die Nordseegarnele

Nachts gehen sie auf Beutesuche. Tagsüber nehmen die Tarnkünstler die Farbe des Untergrunds an oder graben sich ein. Schließlich gibt es viele, die sie gerne fressen. Sogar bei uns Menschen landen sie als „Krabben“ auf dem Teller.

⓮ Der Einsiedlerkrebs

In seinem Schneckenhaus kann dem Krebs nichts passieren. Sein weicher Hinterleib ist gut geschützt. Allerdings muss er immer mal wieder umziehen – Schneckenhäuser wachsen ja nicht mit. Die größten, die er im Wattenmeer findet, sind die der Wellhornschnecke (bis 12 cm).

⓯ Die Strandkrabbe

Mit seinen kräftigen Kneifscheren kann dieser Krebs selbst Muscheln und Schnecken knacken. Selber müssen die Strandkrabben aber auch vorsichtig sein. Graben sie sich bei Ebbe nicht rechtzeitig ein, werden sie leicht zur Beute von Silbermöwen.

⓰ Die Herzmuschel

Knapp unter der Oberfläche lebt die häufigste Muschel des Wattenmeers. Mit zwei kurzen Schnorcheln hat sie Verbindung nach oben. In einem davon werden Wasser und Nahrungsteilchen angesaugt, durch den anderen das gefilterte Wasser ausgestoßen. Wenn die Strömung die Muschel mal freilegt: kein Problem. Eine Minute später hat sie sich schon wieder eingegraben.

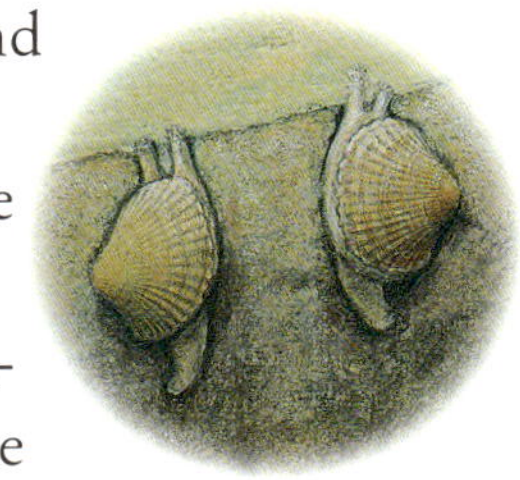

⓱ Die Miesmuschel

Als einzige Muschel des Wattenmeers lebt sie auf der Oberfläche. Mit starken Fäden halten Miesmuscheln sich am Boden und aneinander fest. So kann die Strömung sie nicht wegtragen. Gegen den Seestern helfen die stabilen Muschelschalen übrigens nicht. Er zieht sie einfach auseinander – eine Arbeit, die mehrere Stunden dauern kann.

⓲ Kompassqualle

Mit den lang herabhängenden, dünnen Fangarmen erbeutet die Qualle Kleintiere. Sie schwimmt, indem sie ihren Schirm langsam schließt und wieder öffnet. Gegen Strömungen kommen Quallen nicht an, weshalb sie oft am Strand angeschwemmt werden.

⓳ Die Scholle

Als Kinder sehen Schollen noch aus wie normale Fische. Wenn sie einen Zentimeter lang sind, beginnen sie, auf der Seite zu schwimmen. Das linke Auge wandert auf die rechte Seite. Die Scholle wandelt sich zum flachen Grundbewohner.

Alphabetische Artenliste nach Kapiteln

Kapitel Sommer im Garten

Amsel
Erdkröte
Feldwespe
Feuerwanze
Gartenkreuzspinne
Gartenlaufkäfer
Grauschnäpper
Hausrotschwanz
Haussperling
Kleiner Fuchs
Kohlmeise
Mauerassel
Mauswiesel
Rauchschwalbe
Schwebfliege
Spatz
Spitzmaus
Steinkriecher
Tagpfauenauge
Weberknecht
Weinbergschnecke

Kapitel Wiesen, Hecken, Trockenmauern

Ackerhummel
Bänderschnecke
Brauner Streifenfarn
Breitwegerich
Dorngrasmücke
Feldgrille
Goldammer
Goldlaufkäfer
Grashüpfer
Kaninchen
Neuntöter
Nickende Distel
Schachbrettfalter
Schöllkraut
Sechsfleck-Widderchen
Wiesensalbei
Wilde Möhre
Zauneidechse
Zimbelkraut

Kapitel Feld und Flur im Herbst

Bergfink
Feldhamster
Feldhase
Feldlerche
Feldmaus
Feldsperling
Feldspitzmaus
Hagebutte
Herbst-Mosaikjungfer
Igel
Libelle
Mäusebussard
Rebhuhn
Rotdrossel
Saatkrähe
Schlehe
Steinkauz
Turmfalke
Wacholderdrossel
Wildrose

Kapitel Mitten im Wald

Assel
Braunes Langohr
Eichelhäher
Eichhörnchen
Erdläufer
Fingerhut
Fuchs
Gefleckte Schnirkel-schnecke
Gelbhalsmaus
Haarmückenlarve
Habicht
Hornmilbe
Kleiber
Moosskorpion
Pilze
Regenwurm
Reh
Ringeltaube
Schwarzspecht
Springschwanz
Totengräber
Waldkauz
Weidenmeise

Kapitel Am Bach entlang

Bachflohkrebs
Bachforelle
Bachstelze
Eisvogel
Elritze
Feuersalamander
Flusskrebs
Gebirgsstelze
Groppe
Grünspecht
Habicht
Iltis
Köcherfliegenlarve
Rotmilan
Schneider
Steinfliegenlarve
Stockente
Waldbaumläufer
Wasseramsel
Zaunkönig

Kapitel Auwald und Altwasser

Beutelmeise
Bisamratte
Blaukehlchen
Brachsen
Giebel
Graureiher
Große Teichmuschel
Haubentaucher
Hecht
Kleinspecht
Knäkente
Kuckuck
Mittelspecht
Pirol
Rohrammer
Rohrweihe
Schwarzmilan
Sumpfdeckelschnecke
Teichhuhn
Teichrohrsänger
Wasserfrosch

Kapitel Das Wattenmeer der Nordseeküste

Bäumchenröhrenwurm
Bekassine
Einsiedlerkrebs
Herzmuschel
Kampfläufer
Kompassqualle
Lachmöwe
Miesmuschel
Nordseegarnele
Ringelgans
Rotschenkel
Säbelschnäbler
Schlickkrebs
Scholle
Silbermöwe
Strandkrabbe
Uferschnepfe
Wattwurm
Zwergseeschwalbe

Innenlayout- und Umschlaggestaltung von Ekkehard Drechsel
unter Verwendung von Illustrationen von Berthold Faust

Bibliografische Information der
Deutschen Nationalbibliothek

Die Deutsche Bibliothek verzeichnet diese Publikation in der Deutschen Nationalbiografie; detaillierte bibliografische Daten sind im Internet über http://dnb.ddb.de abrufbar.

Dieses Buch folgt den Regeln der neuen deutschen Rechtschreibung.

KOSMOS Postfach 10 60 11
D-70049 Stuttgart
TELEFON +49 (0)711-2191-0
FAX +49 (0)711-2191-422
WEB www.kosmos.de
E-MAIL info@kosmos.de

Gedruckt auf chlorfrei gebleichtem Papier

1. Auflage

ISBN: 978-3-440-10592-4
ISBN: 3-440-10592-X
Redaktion: Birgit Bramlage
Produktion: Ralf Paucke
Printed in Czech Republic / Imprimé en République tchéque